只需三、五、七步就能完成！

跟木村幸子一起做

巧克力

gorgeous chocolate recipe

〔日〕木村幸子 著　　王昕昕 译

青岛出版社
QINGDAO PUBLISHING HOUSE

序 言

直到今天，我依然清晰地记得读幼儿园时母亲第一次为我做的海绵蛋糕。

那时，家里既没有打蛋器，也没有硅胶铲。母亲便将好几双筷子绑在一起，代替打蛋器。母亲累了需要让手放松一下的时候，我也曾帮过一些小忙。

虽然最后做出来的海绵蛋糕既不蓬松，口感也略硬，但那是母亲专门为我做的，而且里面也有我的小小功劳。所以，对我来说，那是比世上的任何甜点都要美味的蛋糕，也是我无与伦比的温馨回忆。

幼时的经历正是我从事如今工作的出发点。而之所以我能够坚持至今，是因为我希望我所制作的点心也能让别人感受到些许温馨。

这次，非常高兴能够有这样的机会与大家分享我最爱的巧克力的制作方法。

松露巧克力、生巧克力、可可、慕斯、巧克力冰淇淋、舒芙蕾等等，恐怕没有哪样食材能够如巧克力这般自由变幻。

虽说如此，但是大家是不是会觉得"巧克力做的点心虽然好吃，但是动起手来太麻烦了"？

其实不然，巧克力点心做起来非常简单，而且既别致又美味的巧克力点心种类也非常多。

本书介绍了多种常见的巧克力点心的制作方法，并加入了我自身的一些心得。不管是初学者还是点心制作的高手，只需三、五、七步（基本酱料和面团的制作步骤除外）就能轻松完成。

不仅如此，我在书中还介绍了一些修饰及包装的技巧，让收到巧克力点心的人会不禁感慨："简直像专业的巧克力糕点师做出来的！"

刚开始的时候，您可以根据配方尝试做一两个您感兴趣的巧克力甜点。即便是最后做出来的点心不那么完美也没关系。手工点心的魔力就在于能够让吃到的人瞬间感觉无比幸福。这样的点心对他来说一定会成为无与伦比的美好回忆。

另外，制作点心的工具不齐全也没有关系，没有的工具完全可以用其他东西来代替。巧克力的种类和其他原料即便跟配方稍有不同也无妨，说不定还能做出更好吃的巧克力点心。

大家千万不要因为害怕失败而退却，请尽情地享受制作巧克力点心带来的无穷乐趣。

希望您做出来的巧克力点心能够给更多的人带去欢笑与快乐！

木村幸子

目录
Contents

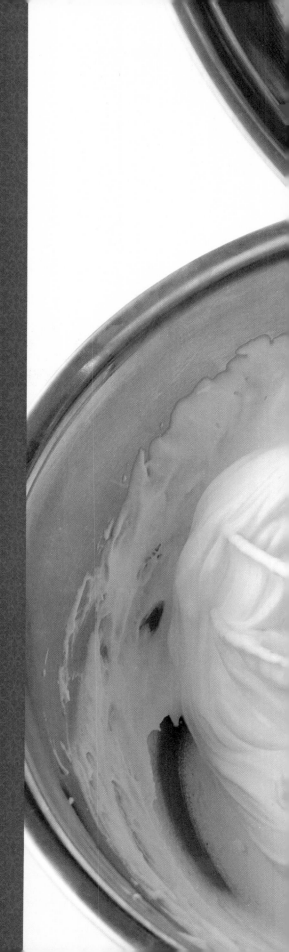

第一章

巧克力点心的
制作基础

巧克力本身的性质非常敏感，不易掌控。但是，只要您掌握了它的特质，就能用它做出任何您想要的形状。首先，我们来了解一下巧克力点心的制作基础，看看在制作巧克力点心时需要的巧克力种类及原料、工具等。

本书中所使用的巧克力

在制作甜点时，使用的巧克力不同，其风味也会随之变化。
在本书中，我们所使用的巧克力是制作甜点时不可或缺的"考维曲巧克力"。
让我们一起来用考维曲做出美味的甜点吧！

本书中介绍的用来制作甜点的巧克力，一般被称为考维曲（Couverture）。考维曲在法语中指的是"毛毯"，有覆盖在某物之上，起保护作用之意。因而，能够对酒心巧克力中的甘纳许等柔软馅料起到保护作用的巧克力就被称为考维曲。在制作过程中，由于加入了可可脂，因而考维曲更加柔韧爽滑、富有光泽。

巧克力有着非常严格的国际标准。根据相关规定，可可粉含量低于31%的巧克力不能被称为考维曲。

考维曲有3个不同种类。其中，使用率最高的是深褐色的黑巧克力。它的主要原料是产自非洲、南美洲和亚洲地区的可可果中提取出的可可原浆（可可块与可可脂的混合物）、砂糖、微量的香精和乳化剂。

在此基础上，加入乳成分后就可以做出牛奶巧克力；而加入了乳成分，但不含可可粉的巧克力则是白巧克力。

黑巧克力可分为可可含量55%左右的微甜型、可可含量60%左右的微苦型和可可含量70%左右的特浓型。通常情况下，可可含量越高，糖分越少，甜味减弱，苦味增强。

每种品牌的巧克力都有其独特的口感。即使巧克力的可可含量相同，由于所使用的可可豆种类或比例不同，其苦味、酸味、香味和口感都会产生很大的变化。因此，考维曲的选择也是制作甜点的乐趣之一。

为了方便计量，书中标注出了原料的可可含量（%）。如果使用与书中可可含量不同的考维曲来制作，那么甜点的风味也会产生变化。在了解这一点的基础上，您可以根据自己的喜好来选择考维曲，体验甜点制作的无穷乐趣。

零售的块状巧克力是以直接食用为前提，除可可粉之外，还添加了植物油脂等，属于加工产品。这种巧克力熔化后质感粗糙，口感变差，并不适宜加热。制作巧克力甜点时，建议您还是使用高品质的考维曲。

制作巧克力点心的工具

下面介绍一下制作巧克力点心需要用到的各种工具。
它们能够为您提供便利，让您做出的巧克力点心更有品质。

量杯

用于计量液体。建议使用刻度易读的量杯。

量勺

15ml大量勺与5ml小量勺。在计量粉类原料时，先盛满然后推平。

厨房专用电子秤

精确计量原料的重量，精准度极高。

木铲

用于在碗或锅中搅拌原料。

硅胶铲

用于搅拌、盛放。硅胶铲耐热性强，使用方便。

打蛋器

用于搅打蛋白、鲜奶油，或者搅拌多种原料

刮刀

用于刮盛面团、分切黄油或平铺面团。

碗

建议使用热传导性好的不锈钢碗。大、中、小尺寸不同的不锈钢碗3~5个备用。

平盘（托盘）

可用于冷却原料。在本书中被用作生巧克力的制作模具，还被用于淋撒可可粉或糖粉。

擀面杖

制作曲奇或挞的面团时，需用擀面杖将面团擀成薄厚均匀的状态。

滤筛

用于滤筛粉类、过滤液体。

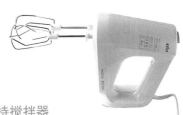

手持搅拌器

可在短时间内完成蛋液的搅打、蛋白霜的制作。可调节搅打速度，建议使用力道大的搅拌器。

点心专用纸

可防止面团等粘连在模具或操作台上。使用点心纸后，易剥离。

烘焙垫

用途与点心专用纸相同，在烘烤面团或制作甘纳许时使用，非常方便。可重复使用。

温度计
用于计量熔化后巧克力的温度。100℃和50℃两种温度计使用起来非常方便。

调色刀
用于涂抹奶油等，将奶油均匀地涂抹在表面。可备大、小号各1个，方便使用。

糕点刀
刀刃呈锯齿状的刀具。用于分切质地柔软的糕点，切面平坦。

刮削器
用于刮削水果的表皮。

刷子
用于在面团上涂刷糖浆等。

巧克力专用叉
用于巧克力点心的修饰点缀。

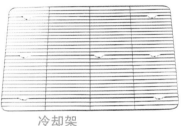

冷却架
用于放置烘焙后的蛋糕，使之冷却。

裱花嘴
本书中使用的裱花嘴有星形、圆形等。

裱花袋
将裱花嘴装好，用裱花袋将奶油等挤出。

刮铲
在本书中，用于处理制作薄脆饼。

喷火枪
用于喷着焦色，或者在慕斯脱模过程中，通过用喷枪给模具外围加热的方式使脱模顺利进行。

锯齿刮刀
梳齿状的刮刀。用于给巧克力点心修饰点缀。

料理机
原本用于搅拌打碎原料，在本书中被用来搅拌冰淇淋，使之与空气充分接触，增加口感的爽滑度。

锅
用于制作卡仕达酱等酱料，或给鲜奶直接加热、隔水加热等。

各类模型

花形模具

在本书中用来制作南锡巧克力蛋糕和咕咕霍夫。

玛德琳蛋糕模具

贝壳形状的模具。材质不是硅胶的情况下，需先涂上一层黄油，并撒上高筋粉后使用。

咕咕霍夫模具

硅胶材质的模具使用方便。其他材质的模具需先涂上一层黄油，并撒上高筋粉后使用。

心形模具

在本书中用来制作覆盆子巧克力慕斯。

小圆形模具

在本书中用来制作覆盆子巧克力慕斯。

戚风蛋糕模具

建议使用铝制模具。

布丁型模具

本书中使用的布丁模具大小为100ml。一般情况下，需先在模具上涂上一层黄油，然后撒上高筋粉或砂糖后使用。

勾玉型模具

在本书中用来制作草莓慕斯。可用其他形状的模具来代替。

费南雪模具

需先在模具上涂上一层黄油，再撒上高筋粉后使用。

压花模具、切模

甘纳许模具

将甘纳许倒入模具内使之冷却成形。

方形模具

在本书中用来制作布朗尼。

挞环模具

在制作挞时使用的模具。

心形模具

用于制作心形的曲奇。

圆形切模

用于面团、慕斯等的塑形。

圆筒形模具

在本书中用于巧克力屑的制作。

切模板

用于放置压花模具。也可用垫子的平面板来代替。

制作巧克力点心的原料

下面介绍一下在本书中用到的原料。
每种原料都可以在点心制作专卖店或大型超市里买到。

苹果

您可选择自己喜欢的品种。但是在制作本书中介绍的巧克力点心时，最好不要选用不耐煮的苹果。

橙子

超市里零售的普通橙子即可。甘甜汁水丰富者为佳。

冷冻覆盆子

将覆盆子的果实整个冷冻后制成，可用于点缀装饰。

红醋栗

醋栗科的果实，肉色呈红色，可用于蛋糕的装饰。

酸樱桃

将野生的樱桃用樱桃白兰地酒腌渍而成。

带内皮栗子

将带内皮的栗子煮透后用糖浆腌渍而成。常与面团一起进行烘焙，也可用作装饰。

朗姆酒葡萄

将葡萄用朗姆酒腌渍而成。

橙皮

将煮好后的橙皮用糖浆腌渍而成。

杏干

将杏子风干后制成。味酸，与面团混合一同烘焙后味道更加凸显，常用于烘焙点心的制作。

葡萄干

其特征是口感甘甜、酸味适中、果肉厚实。常用于烘焙点心、点缀装饰或酒渍。

开心果

一般选用制作点心专用的鲜绿色无盐的开心果。带皮的开心果需去皮后使用。用途多样，既可用于装饰，也可丰富口感。

樱桃白兰地

将樱桃连带着种子打碎后进行发酵，发酵完成后通过蒸馏酿制出透明的酒浆。常用于巧克力点心和糖浆的制作，增加香气。

曼达瑞恩拿破仑利口酒

曼达瑞恩甜橙与高级白兰地酒在岁月的沉淀中酿成的香橙利口酒。

朗姆酒

将甘蔗蒸馏后，经过长时间的发酵酿成的利口酒。可为巧克力点心或蛋糕增加香气。

金万利力娇酒

以橙皮为原料制成的香橙酒。可为巧克力点心或蛋糕增加香气。

白兰地

用果实酒酿造的蒸馏酒的总称。使用酒精度数高的白兰地时，有时需将酒精挥发一些后使用。

小麦粉

在制作点心时，一般使用低筋粉。如果想使面团更加筋道，可选用高筋粉。

无盐黄油

一般使用无盐黄油。为了不影响点心的风味，建议选用优质新鲜、未氧化的黄油。

鸡蛋

在本书中使用的是M号鸡蛋。请选用新鲜优质的鸡蛋。

转化糖

在甘纳许中加入转化糖，可使结晶更加稳定柔滑。

糖粉

一般用于点缀装饰，也可用于饼干或烘焙点心的制作。

砂糖

加入蛋清或黄油后能够迅速溶化。建议选择专门用来制作点心的细砂糖。

色拉油

在本书中用来制作戚风蛋糕。色拉油能够赋予戚风蛋糕特有的松软口感。

明胶

制作慕斯时使用的凝固剂。在本书中使用的是板状明胶。放入冷水中泡发，沥干水后使用。

泡打粉

在制作烘焙点心时使用的膨胀剂。一般与其他粉类混合过筛后使用。

玉米粉

一般用于增稠奶油或制作面团。可代替部分低筋粉使用。

盐

盐具有提味的作用。在制作点心时，有时为了突出盐的作用可使用粗粒盐。

奶酪酱

在本书中用来制作烘焙点心。建议使用盐分少、奶油状、口感浓郁的奶酪酱。

牛奶

本书中使用的牛奶乳脂含量大于3.5%。制作点心时，请使用新鲜的牛奶。

杏仁粉

使用杏仁粉可丰富点心的口感，加入坚果的风味后，口感更加浓郁。杏仁粉含油量高，易氧化。使用时，请选用新鲜优质的杏仁粉。

杏仁碎

杏仁小颗粒。加入面团中，或用于薄脆饼时，可使点心的口感更加丰富，香味更加浓郁。

巧克力块

巧克力块不易熔化，在制作烘焙点心时使用，可增加食用时的颗粒感。

鲜奶油

请使用纯乳脂奶油。如果奶油中混有植物性奶油，会影响点心的口感与味道。

豆浆

本书中用于制作巧克力豆浆。如要保证巧克力豆浆的稳定口感，请使用调制豆浆。

蜂蜜

可增加面团的柔润度。加入甘纳许中，可使其更加柔滑，风味更加独特。

涂层巧克力

不需要经过调温，熔化后可直接使用的巧克力。

14

糖浆

无需加水、加热，可冷冻的糖浆。覆盖在慕斯的表面，可增加点心的光泽度，防止干燥。

香草荚

用于添加香草的芳香。表面湿润的香草品质较高。剪下所需的分量后，将香草荚中的香草籽刮出使用。

榛子

榛木的果实。油脂丰富，口感浓郁。需整个使用时，最好重新烘烤后使用。

覆盆子酱

覆盆子的果酱。在本书中用于加入糖浆中，制作酱料。也可用于装饰点缀。

栗子酱

将蒸熟的栗子捣碎，加入砂糖和香草后制作而成。在本书中使用的是法国生产的罐装栗子酱。

谷物片

干燥、粉碎后的薄脆谷物片。加入甘纳许中可增加酥脆的口感。

杏仁

口感香脆。需整个使用时，最好重新烘烤后再用。

覆盆子糖浆

无糖，解冻后使用。在本书中用来制作慕斯或酱料。

可可粉

使用无糖可可粉。加入面团中，可增加巧克力的苦甜口感。

黑芝麻

选用新鲜有香气的黑芝麻。如果香气消失，可煎炒后再使用。

核桃仁

带内皮的核桃仁有独特的苦味。用途多样，可加入面团中，也可以用于装饰。

草莓糖浆

使用10%加糖的冷冻草莓糖浆，具有草莓独有的酸甜口感。

抹茶

抹茶的风味非常容易消散。所以，在制作烘焙点心时，请选用新鲜优质、富有清香的抹茶。

白芝麻

与黑芝麻相同，请选用新鲜有香气的白芝麻。如果香气消失，可煎炒后再使用。

糖珠

用于点心的装饰，和巧克力蛋糕、水分较少的点心的点缀。

涂层用白巧克力

无需进行调温，熔化后可直接使用。

冷冻干草莓

将草莓进行冷冻干燥加工后制成。可加入面团中，也可制成粉末使用。

杏仁酱

将烘烤后的杏仁与焦糖一起煮至黏稠状制成。

制作点心前的准备

下面介绍一下本书中点心制作的基本方法。
如果配方中出现了考维曲巧克力或蛋白霜，请参照下面的方法进行制作。

熔化巧克力和黄油

将切碎的巧克力和切成薄片的黄油放在一起，进行隔水加热。此时，应注意巧克力的温度不能超过50℃。

关于巧克力

本书配方中出现的巧克力一般有两种用法。一是用刀将考维曲切碎后备用，二是直接使用巧克力块。

筛粉方法

为了防止结块，在使用低筋粉或无糖可可粉等粉类时，须先进行滤筛。将粉类的原料倒入滤网中，通过手部的震动进行滤筛即可。

蛋白霜的制作方法

材料 蛋白……2个　　砂糖……30g

本书配方中如没有特别说明，均采用下面的方法来制作蛋白霜。

1. 搅打蛋清。

2. 当蛋清被搅打至2倍的体积时，加入少许砂糖，继续搅打，直至出现如图中的小尖角。

3. 将剩余的砂糖分3次倒入，每次加入砂糖后，都要搅打至出现尖角的状态即可。

图为充分搅打后的蛋白霜。

本书中的点心配方说明

关于分量
● 1大勺为15ml，1小勺为5ml，体积用 ml 表示。
● 适量指的是刚刚好的量。
● 果实、果汁等指的是去皮去籽后的净重。

关于烤箱
●本书中使用的烤箱是带有烤箱功能的微波炉，也可使用一般烤箱，加热器加热 1400W 使用。配方中的烘焙时间和温度仅供参考，请根据所使用的烤箱进行灵活调整。
●如果书中写着"预热烤箱"，请在使用前 10 分钟将烤箱开启。

关于工具及原料
● 在使用各类工具时，请沥干水分、擦干油分。
● 书中使用的鸡蛋大小为 M 号，其分量是按照去壳后的重量进行计算。
● 除特殊情况，鸡蛋请放置于常温后使用。
● 书中使用的鲜奶油乳脂成分为42%。
● 制作慕斯等需要搅打鲜奶油的点心时，需用冰水将鲜奶油冷却后，搅打至所需的状态。

基本酱料

配方中出现的酱料可手工制作。

另外，在制作点心时，如需着黑色或红色，可以灵活使用这些酱料。

糖浆

材料

砂糖·······················50g
水·························100ml

保存方法、期限
待完全冷却后，可放入冰箱内冷藏保存3天。

制作方法

1. 将水和砂糖倒入锅中，煮至完全沸腾。

2. 待完全冷却后，取所需量使用即可。

巧克力酱

材料

牛奶·······················50ml
鲜奶油·····················50ml
考维曲巧克力（可可含量55%）
·························90g

保存方法、期限
待完全冷却后，用保鲜膜严密覆盖，放入冰箱内冷藏保存5天。

制作方法

1. 将牛奶和鲜奶油倒入锅中，煮沸。

2. 倒入盛放有考维曲巧克力的碗中即可。

〔要点〕
冷却后会凝固。使用时，需重新倒入锅内，加少许牛奶或鲜奶油，微火加热熔化成巧克力酱。需制作稀薄的巧克力酱时，可根据个人喜好多加入一些牛奶或鲜奶油。

覆盆子酱

材料

覆盆子糖浆·················适量
覆盆子果酱······糖浆的一半量

保存方法、期限
放入冰箱冷藏保存3天。

制作方法

1. 将覆盆子果酱化开后，加入覆盆子糖浆搅拌均匀即可。

〔要点〕
虽然在本书中没有使用到，但是可以用杏子酱和杏子糖浆制作出橙色的酱料。

基本款点心

海绵蛋糕

在任何时代都深受欢迎的蛋糕卷就是用海绵蛋糕裹卷着鲜奶油或水果做成的。除此之外，海绵蛋糕也用于慕斯的制作。

材料
〔26cm×38cm 方形烤盘，1个份〕

鸡蛋····················· 3个
砂糖····················· 60g
低筋粉···················· 50g
无糖可可粉················ 10g
无盐黄油················· 15g
牛奶····················· 15ml

准备事项
● 将低筋粉与可可粉混合后进行过筛。
● 将无盐黄油和牛奶进行隔水加热，使之熔化。
● 在烘烤盘内垫上烘焙专用纸。
● 烤箱预热至180℃。

最佳食用时间及温度
制作完成至次日。需保存时，用保鲜膜密封后放入冰箱冷藏可保存3天，冷冻可保存3周。

制作方法

1. 先将鸡蛋打散，加入砂糖，隔水加热至人体体温左右。

2. 搅打至带状滴落的状态。

3. 将事先滤筛好的低筋粉与可可粉慢慢加入其中，在不影响发泡状态的前提下，搅拌均匀。

4. 将熔化后的黄油与牛奶加入其中，与步骤3相同，在不影响发泡状态的前提下，搅拌均匀。

5. 将步骤4的材料倒入烤盘中，用刮板使之均匀平铺，放入烤箱内，180℃烘烤10～13分钟。

6. 烘烤完成后，放在冷却架上冷却即可。

❖ 莎布蕾小饼干 ❖

莎布蕾口感酥脆，制作时需使用大量的黄油。本书中 1~4 步供参考。

材料
〔制作完成后约400g〕

低筋粉	170g
无糖可可粉	18g
糖粉	70g
杏仁粉	20g
盐	一小撮
无盐黄油	100g
鸡蛋	2/3个（30g）

准备事项

● 低筋粉、可可粉、糖粉、杏仁粉混合后滤筛备用。
● 在烤盘内垫上烘焙专用纸。
● 烤箱预热至180℃。

最佳食用时间及温度

制作完成至第5日。常温食用最佳。需保存时，分别放入袋子中，覆上保鲜膜，放入密闭容器内，避光保存10天。

制作方法

1. 在事先滤筛好的低筋粉、可可粉、糖粉、杏仁粉中加入盐、黄油，边分切边搅拌。

2. 用双手将粉类与无盐黄油揉搓成沙粒状。

3. 使中部略低于边上，倒入搅打后的蛋液，用刮板搅拌融合。

4. 面团呈柔滑状后，用擀面杖擀成厚3~5mm的面皮，用保鲜膜密封后，放入冰箱冷藏2小时以上。

5. 用压花模做出自己喜欢的形状，放入烤箱，180℃烘烤12~15分钟即可。

常用奶油

 英式蛋奶酱

英式蛋奶酱与卡仕达酱的味道相似。因为不易凝固，所以非常适合于点心制作。

材料
〔制作完成后约120g〕

牛奶·························· 100ml
香草荚·························· 1/6根
砂糖·························· 20g
蛋黄·························· 1个

最佳食用时间及温度
制作完成至次日，放入冰箱冷藏。

制作方法

1. 将牛奶、香草荚、香草豆倒入锅中，放入一半砂糖，煮至即将沸腾。

2. 将已打散的蛋黄和剩余的一半砂糖倒入碗中，用打蛋器搅打至砂糖溶化。

3. 步骤1的材料开始沸腾后，倒入打好的蛋黄中充分搅拌，然后重新倒入锅中。

4. 用硅胶铲不停地画8字进行搅拌，微火煮至黏稠状。

5. 用滤筛进行过滤。在本书的配方中，需加入巧克力时，就是在此时加入。最后用冰水进行冷却即可。

卡仕达酱

加入了香草的卡仕达酱芬芳馥郁，将之夹在油酥蛋糕中，或是裹入泡芙、水果挞面团中，能使制作出的甜点口感更加浓郁。

材料

〔成品重量约110g〕

牛奶……………………	100ml
香草荚…………………	1/6根
砂糖……………………	20g
蛋黄……………………	1个
低筋粉…………………	4g
玉米淀粉………………	4g

准备事项

●将低筋粉和玉米淀粉混合并筛好备用。

最佳食用时间及温度

制作完成至次日，可放入冰箱内冷藏保存。

制作方法

1. 将牛奶倒入锅中，放入香草荚及事先取出的香草籽（纵向切开后取出），再倒入一半的砂糖，煮至即将沸腾。

2. 将已打散的蛋黄和剩余的砂糖倒入碗中，用打蛋器充分搅拌使砂糖溶化。

3. 将筛好的低筋粉与玉米淀粉倒入打好的蛋黄中。

4. 先将少量的步骤1的材料倒入步骤3的材料中搅拌，熔化后再将剩余的步骤1的材料倒入其中搅拌均匀。

5. 用滤网将步骤4的材料过滤至锅中。

6. 中火慢煮，同时用木铲不停地画8字搅拌，防止煮焦。

7. 煮至底部开始凝固后，继续煮透，此时更需注意，防止煮焦。本书中的制作方法中写有需放入巧克力的时机，就是此时。

8. 将步骤7的材料倒入平盘中。

9. 用木铲将之刮匀后，在上面覆上一层保鲜膜，防止表面干燥。然后，将平盘放置在冰块上冷却即可。

第二章

三步轻松完成的
巧克力点心

在巴黎时，我曾品尝过热巧克力，只需将巧克力放入热牛奶中就可以完成，简单到让人难以置信。在本章中，我收集了一些用料简单，只需三步就可以完成的巧克力点心制作配方，让您可以充分感受到巧克力原本的风味。

传统巧克力蛋糕

这是一款口感绵软，用料实在的巧克力蛋糕，
它将巧克力原有的风味与浓郁口感充分地发挥出来。

材料

〔直径15cm 海绵状，1个份〕

考维曲巧克力（可可含量58%）
······· 75g
无盐黄油························· 70g
蛋黄······················· 2个
蛋清······················· 2个
砂糖······················· 50g
低筋粉······················ 5g
无糖可可粉···················· 20g

准备事项

● 将考维曲巧克力与无盐黄油混合后隔水
  加热，使之熔化。
● 将低筋粉与可可粉混合后滤筛备用。
● 在模具底部垫上烘焙专用纸，在内侧刷
  上一层黄油（分量外）。
● 烤箱预热至180℃。

幸子的温馨提示

根据您的喜好加入打发后的尚蒂伊奶
油和薄荷，再撒上一些可可粉，效果
更好。

最佳食用时间及温度

次日至第5天。常温食用最佳。需保
存时，用保鲜膜密封后，放入冰箱冷
藏可保存1周，冷冻可保存3周。

※尚蒂伊奶油
  100ml鲜奶中加入8g砂糖，打至七八分发。

制作方法

1. 将熔化后的考维曲巧克力与无盐黄油
  混合，再分次加入蛋黄，搅拌均匀。

2. 将蛋清倒入碗中充分搅打后，分
  3～4次加入砂糖，搅打至出现尖
  角，变成蛋白霜。

3. 将打好的蛋白倒入步骤1的材料中，
  轻轻搅拌，并倒入事先滤筛好的低筋
  粉和可可粉搅拌均匀，倒入模具中，
  烤箱180℃烘烤20～25分钟即可。

Brownie

布朗尼

这款布朗尼中用了许多核桃仁，吃起来口感松脆，
是深受大家喜爱的经典款。

最佳食用时间和温度

次日至第5天。常温食用最佳。需保
存时，用保鲜膜密封后，放入冰箱冷
藏可保存1周，冷冻可保存3周。

材料

〔18cm×18cm方形，1个份〕

无盐黄油	100g
砂糖	130g
盐	一小撮
鸡蛋	2个（100g）
考维曲巧克力（可可含量55%）	72g
低筋粉	42g
核桃仁	85g

准备事项

● 使无盐黄油恢复至常温。
● 滤筛低筋粉。
● 将考维曲巧克力隔水加热熔化。
● 将核桃仁切碎，放入烤箱内130℃烘烤20
　分钟左右。
● 烤箱预热至170℃。

制作方法

1. 搅拌无盐黄油至奶油状，加入
　　砂糖和盐，搅拌均匀。

2. 将鸡蛋分数次加入其中搅拌，再
　　倒入考维曲巧克力，搅拌均匀。

3. 加入低筋粉和核桃仁进行搅
　　拌，倒入模具中，放入烤箱
　　170℃烘烤35～40分钟即可。

Fondant au chocolat

翻糖巧克力

这是一款入口即化、口感浓郁的巧克力点心。
外皮松脆，内里绵软，让人垂涎欲滴。

材料
〔18cm吐司模具，1个份〕

鸡蛋·····················2个半（128g）
砂糖·····················117g
考维曲巧克力（可可含量70%）
························158g
无盐黄油·················158g
低筋粉···················5g

准备事项

● 根据模具的形状，将烘焙专用纸折好后，用无盐黄油粘在模具内侧。
● 将考维曲巧克力和无盐黄油(分量外)混合后隔水加热。
● 低筋粉滤筛备用。
● 烤箱预热至180℃。

制作方法

1. 将砂糖倒入蛋液中，搅拌均匀。

2. 将事先熔化的考维曲巧克力和黄油倒入打好的蛋液中搅拌，再加入低筋粉，充分搅拌后倒入事先准备好的模具内。

3. 用锡纸将搅拌好的巧克力的底部包裹住，倒入开水，放入烤箱中180℃烘烤1小时左右即可。

最佳食用时间及温度

制作完成至第5天。常温或微热时味道佳，冷藏后食用也别有一番风味。需保存时，用保鲜膜密封后放入冰箱冷藏可保存1周，冷冻可保存3周。

心形巧克力曲奇

可用来点缀装饰杯壁的巧克力曲奇。
您可以根据自己的喜好设计曲奇表面的图案。

材料
〔5.5cm×6cm 心形压花模，约20个份〕

莎布蕾饼干·····················400g
装饰用巧克力（白巧克力）··· 适量
冷冻干草莓·····················适量

准备事项
● 根据p.19的第1～4步的方法制作莎布蕾饼干。
● 将装饰用白巧克力隔水加热，使之熔化。
● 烤箱预热至170℃。

制作方法

1. 用心形压花模将已擀成3～5mm厚的面皮压成心形，并用刀刻成如图的形状。放入烤箱中170℃烘烤15～18分钟，烘烤完成后使之冷却。

2. 用裱花袋在步骤1的材料的其中一面上涂上一层白巧克力。

3. 在巧克力的表面完全干燥前，用冷冻干草莓进行点缀装饰即可。

最佳食用时间及温度
制作完成至第5天。常温食用口感最佳。需保存时，分别装入袋中，用保鲜膜密封后，放入密闭容器内，避光（夏天需放入冰箱冷藏）可保存10天。

Heart chocolate sand Cookie

心形巧克力甜饼

这是一款造型时尚，让人感觉熟悉的甜点。
大大的心形，非常醒目。

材料

〔8cm×8.5cm心形压花模，6~7组份
（小号的心形压花模宽度为4cm）〕

莎布蕾饼干……………………… 400g
装饰用巧克力（白巧克力）… 适量
糖珠……………………………… 适量

准备事项

● 根据p.19的第1~4步的方法制作莎布蕾
　饼干。
● 将装饰用白巧克力隔水加热，使之熔化。
● 烤箱预热至170℃。

制作方法

1. 将已擀成3mm厚的面皮分成两
　　等份，用压花模压制出想要的
　　形状，放入烤箱中170℃烘烤18
　　分钟，烘烤完成后使之冷却。

2. 将事先熔化好的白巧克力涂
　　抹在步骤1的材料的其中一面
　　上，接着放上另一块镂空的心
　　形饼干。

3. 在白巧克力的表面完全干燥之
　　前，撒上一些糖珠做装饰即可。

最佳食用时间及温度

制作完成至第5天。常温食用口感最
佳。需保存时，分别装入袋中，用保
鲜膜密封后，放入密闭容器内，避
光（夏天需放入冰箱冷藏）可保存
10天。

焦糖布丁巧克力甜点

这是一款入口即化、口感浓郁的焦糖布丁。

材料

〔100ml耐热容器，4个份〕

蛋黄·······················3/2个（30g）
砂糖···························20g
考维曲巧克力（可可含量70%）
·······························18g
牛奶···························45ml
鲜奶油·························115ml
香草····························少量

准备事项

● 将考维曲巧克力隔水加热，使之熔化。
● 烤箱预热至140℃。

最佳食用时间及温度

制作完成至次日。待冷却后，食用前，建议用喷火枪将其表面烧热后口感更佳。需保存时，放入冰箱冷藏可保存2天。

制作方法

1. 将蛋黄和砂糖混合搅拌，倒入事先熔化的考维曲巧克力，充分搅拌均匀。

2. 将牛奶、鲜奶油、事先取出的香草籽倒入锅中，煮至即将沸腾。然后倒入步骤1的材料内，用滤筛进行过滤。

完成

食用前，在表面撒上一层砂糖（分量外），用喷火枪烤至焦糖色。

3. 将步骤2的材料倒入模具内至八分满，将模具放置在烤盘上，倒入开水，然后放入烤箱中140℃烘烤30分钟即可。

Chocolat du lait du soja

巧克力豆浆

巧克力与豆浆的完美融合。
口感醇厚，让人上瘾。

材料
〔60ml玻璃杯、约5人份〕

鲜奶油··················	65ml
豆浆··················	75ml
板状明胶··················	2g
考维曲巧克力（可可含量38%）	
··················	63g
黑豆··················	适量
金粉··················	适量

准备事项
●将板状明胶浸泡后，去除多余的水分。
●将考维曲巧克力切碎（p.16）。

制作方法

1. 将鲜奶油和牛奶倒入锅中，煮至即将沸腾，然后加入明胶，使之熔化。

2. 将考维曲巧克力放入碗中，倒入步骤1的材料，使之熔化。

3. 用滤网过滤步骤2的材料，倒入杯中至2/3处，放入冰箱冷藏使之凝固。最后，根据您的喜好用黑豆或金粉进行装饰即可。

最佳食用时间及温度
制作完成至次日。冷藏后风味更佳。
需保存时，放入冰箱冷藏可保存3天。

Crème de chocolat orange

香橙巧克力

这是一款口感绵密、橙香扑鼻、
简单却又不失品质的甜点。

最佳食用时间及温度

制作完成至次日。冷藏后风味更佳。
需保存时，放入冰箱冷藏可保存
3天。

材料
〔60ml玻璃杯，3人份〕

鲜奶油······························· 50ml
考维曲巧克力（可可含量38%）60g
橙汁······ 35ml（大约需半个橙子）
橙皮····························· 半个橙子
金万利力娇酒·····················3ml

准备事项

●将考维曲巧克力切碎（p.16）。

幸子的温馨提示

用橙子的果肉和细叶芹来装饰，更加美
观。

制作方法

1. 鲜奶油加热至即将沸腾，然后
倒入考维曲巧克力中，使之
熔化。

2. 加入橙汁和橙皮搅拌均匀，再
加入金万利力娇酒充分搅拌。

3. 倒入玻璃杯中至七分满，放入
冰箱冷藏使之凝固即可。

Tuile au cacao et sesame

薄脆可可芝麻饼

黑芝麻与杏仁芳香扑鼻。
既可直接食用，也可用作点心的装饰品。

材料〔约15~20个〕

低筋粉	12g
无糖可可粉	3g
砂糖	55g
牛奶	20ml
无盐黄油	20g
杏仁碎	20g
黑芝麻	15g

准备事项

●将低筋粉、可可粉混合后滤筛备用。
●将无盐黄油进行隔水加热，使之熔化。
●在烤盘上垫上烘焙专用纸。
●烤箱预热至180℃。

幸子的温馨提示

烘焙完成后，可将薄饼放置在
擀面杖或模具上冷却，使之变
成卷曲的形状。

制作方法

1. 在事先滤筛好的低筋粉和可可
粉里加上砂糖，搅拌均匀。

2. 倒入牛奶后继续搅拌，再加入
无盐黄油搅拌均匀。

最佳食用时间及温度

制作完成至次日。常温食用最佳。在
本书中，用来作为巧克力挞（p.80）
等各类点心的装饰品，也可以作为其
中的一种原料，丰富点心的口感。未
进行烘烤的面团放入冰箱冷藏可保存
1周，冷冻可保存2周。

3. 加入杏仁碎和黑芝麻，在烤盘
上稀疏、少量地放置，放入烤
箱内180℃烘烤15分钟即可。

Chocolat chaud

热巧克力

在寒冷的冬日，喝上一杯热腾腾的热巧克力，
能让人感觉无比幸福，身心愉悦。

材料
〔160ml杯子，2个份〕

牛奶······150ml
水······50ml
无糖可可粉······6g
香草籽······少量
考维曲巧克力（可可含量55%）
······60g

准备事项
● 可可粉滤筛备用。
● 将考维曲巧克力切碎（p.16）。

制作方法

1. 将牛奶、水、可可粉、香草籽
   倒入锅中加热。

2. 将考维曲巧克力倒入锅中，微
   火加热使之熔化。

3. 用滤筛过滤后，倒入杯中即可。

最佳食用时间及温度

现做现喝为宜。热巧克力口味极佳，
放凉后饮用亦可。需保存时，放入冰
箱冷藏可保存2天。

第三章

五步轻松完成的
巧克力点心

本章节中介绍的巧克力点心就像蛋糕店里陈列的甜点一样美味又美观，只需五步，您在家里就可以完成这些点心的制作过程。做出来的甜点既可以当礼物送人，也可以与人共同分享。

贝壳蛋糕

贝壳蛋糕制作方法简单，口感微苦，
充分保留了巧克力原有的风味。

材料
〔8cm×7cm贝壳模具，约10个份〕

鸡蛋……………………………	2个
蛋黄……………………………	2个
砂糖……………………………	100g
低筋粉…………………………	90g
无糖可可粉……………………	15g
泡打粉…………………………	3g
考维曲巧克力（可可含量70%）	
……………………………………	36g
无盐黄油………………………	90g

准备事项

● 模具为金属材质的情况下，需先涂上一
层黄油并撒上高筋粉（均为分量外）。
● 低筋粉、可可粉、泡打粉混合后滤筛
备用。
● 将无盐黄油和考维曲巧克力隔水加热，
使之熔化。
● （第3步醒面后）烤箱预热至230℃。

制作方法

1. 将砂糖倒入鸡蛋与蛋黄液中。

2. 将事先滤筛好的低筋粉、
可可粉、泡打粉加入其
中，充分搅拌。

3. 将熔化后的考维曲巧克力
和无盐黄油倒入步骤2中
充分搅拌，室温下放置
30～40分钟。

4. 用隔水加热的方法将步骤
3的材料加热至40℃，变成
黏稠的糊状。

5. 将做好的巧克力混合物倒
入模具中至七分满，烤箱
230℃烘烤10分钟即可。

最佳食用时间及温度

次日至第3天。常温食用口感最佳。需保存时，放入冰箱冷藏可
保存1周，冷冻可保存3周。

费南雪蛋糕

各式各样的坚果加上牛奶巧克力的风味，造就了费南雪蛋糕的独特个性，好吃到让人停不下来。

材料
〔费南雪模具，8~10个份〕

蛋清··································	2个
杏仁粉······························	25g
糖粉··································	40g
低筋粉······························	25g
考维曲巧克力（可可含量38%）	
·····································	25g
无盐黄油····························	60g
各类坚果（核桃仁、榛子、杏仁、	
开心果等）····················	适量

准备事项

- 在模具内侧涂上一层黄油，并撒上高筋粉（均为分量外）。
- 杏仁粉、糖粉、低筋粉混合后滤筛备用。
- 核桃仁、杏仁、榛等稍大的坚果需用烤箱130℃烘烤20分钟左右。
- 烤箱预热至230℃。

制作方法

1. 将事先滤筛好的杏仁粉、糖粉、低筋粉倒入蛋液中，搅拌均匀。

2. 将考维曲巧克力和无盐黄油倒入另一个碗中，用隔水加热法使之熔化。

3. 将步骤1的材料倒入步骤2的材料中搅拌均匀。

4. 将步骤3的材料倒入放置在烤盘上的模具中至七八分满。

5. 放上您喜欢的坚果，放入烤箱中230℃烘烤8~10分钟即可。

最佳食用时间及温度

次日至第3天。常温食用口感最佳。需保存时，放入冰箱冷藏可保存1周，冷冻可保存3周。

苹果布朗尼

苹果酸酸甜甜的口感，使得巧克力的风味更加凸显。
这是一款口感润滑、品质上乘的布朗尼。

材料

〔18cm×18cm方形模具，1个份〕

苹果	1个
无盐黄油	少量
砂糖	20g
柠檬汁	1小勺
白兰地	2小勺
鸡蛋	2个
砂糖	65g
考维曲巧克力（可可含量55%）	200g
无盐黄油	100g
低筋粉	50g
泡打粉	3g

准备事项

● 低筋粉和泡打粉混合后滤筛备用。
● 考维曲巧克力和100g的无盐黄油用隔水加热的方法使之熔化。
● 烤箱预热至180℃。

最佳食用时间及温度

次日至第5天。常温食用口感最佳。
需保存时，放入冰箱冷藏可保存1
周，冷冻可保存3周。

制作方法

1. 苹果去皮去芯后，切成8片，每片再切成3～5mm厚的薄片。

2. 将少量的无盐黄油、苹果片、20g砂糖、柠檬汁倒入锅中，点火加热煮至苹果变软后，倒入白兰地，使水分蒸发，放凉。

3. 将鸡蛋和65g砂糖倒入碗中，搅拌均匀。再将事先熔化的考维曲巧克力和无盐黄油倒入其中，搅拌均匀。

4. 将事先滤筛好的低筋粉和泡打粉倒入步骤3的材料中继续搅拌。

5. 将步骤4的材料倒入步骤2的材料中搅拌均匀后倒入模具内，再放入烤箱中180℃烘烤30～40分钟即可。

杏干巧克力圆饼

这款圆饼中加入了巧克力豆，所以口感甜且酥脆，
再加上杏干的酸味，层次更加丰富。

材料
〔直径4cm圆形压花模，12~14个份〕

低筋粉	150g
高筋粉	150g
泡打粉	10g
无盐黄油	75g
鸡蛋	½个（75g）
砂糖	55g
牛奶	105ml
杏干	30g
巧克力豆	15g

准备事项

● 低筋粉、高筋粉、泡打粉混合后滤筛备用。
● 将无盐黄油切碎，冷却备用。
● 鸡蛋、牛奶、砂糖混合搅拌。
● 将杏干切成5mm的正方形。
● （3的面团醒面完成后）烤箱预热至200℃。

最佳食用时间及温度
制作完成至第3天。常温或稍稍加热后食用最佳。需保存时，用保鲜膜密封，放入冰箱冷藏可保存5天，冷冻可保存3周。

制作方法

1. 将事先滤筛好的低筋粉、高筋粉、泡打粉倒入碗中，加入切好的黄油块，揉搓均匀。

2. 将事先搅拌好的鸡蛋、砂糖、牛奶倒入其中搅拌，加入杏干和巧克力豆，轻轻揉搓成面团。

3. 用擀面杖将面团擀成2cm厚，放置醒面。

4. 用压花模将醒好的面团压成块状，放置在已垫好烘焙专用纸的烤盘上。

5. 在其表面刷上蛋液（分量外），烤箱200℃烘烤15分钟即可。

巧克力慕斯

慕斯口感柔滑，可直接食用，也可加上各种水果一起食用。

材料
〔约620g，约5人份〕

■英式蛋奶酱

牛奶·················· 200ml

香草·················· 少量

砂糖·················· 20g

蛋黄·················· 2个

■其他材料

考维曲巧克力（可可含量58%）

·················· 200g

鲜奶油·················· 250ml

准备事项

●根据上述的配方，按照"英式蛋奶酱"（p.20）的制作方法第1～4步做出蛋奶酱。

幸子的温馨提示

先用热水将勺子烫热，然后用勺子舀起一大块。舀盛时，大幅度转动勺子，可使造型更加好看。再加上您喜欢的水果（橙肉等）和薄荷叶就更加锦上添花了。

最佳食用时间和温度

制作完成至次日。冰一些口感更佳。需保存时，放入冰箱冷藏可保存3天，冷冻可保存2周。

制作方法

1. 将考维曲巧克力倒入英式蛋奶酱中，使之熔化。

2. 用滤网将步骤1的材料过滤后，放入冰水中，使之冷却至30℃左右。

3. 用另一个碗将奶油打至八分发。

4. 将步骤3的材料分2次倒入打好的奶油中，搅拌均匀。

5. 倒入容器中，放入冰箱冷藏使之凝固即可。

巧克力雪糕

巧克力雪糕有着巧克力独有的香气与浓郁口感。
制作方法简单，用料理机就能轻松搞定。

材料

〔约380g，约3人份〕

■英式蛋奶酱

牛奶·············· 200ml

香草·············· 1/5根

砂糖·············· 45g

蛋黄·············· 2个

■其他材料

考维曲巧克力（可可含量61%）

·············· 75g

鲜奶油·············· 60ml

朗姆酒·············· 小半勺

准备事项

● 根据上述的配方，按照"英式蛋奶酱"（p.20）的制作方法第1～4步做出蛋奶酱。

幸子的温馨提示

装盘时，用巧克力薄片来做装饰（后勒口部分）更加美观。

最佳食用时间及温度

次日至第3天。从冰箱中取出稍稍熔化后食用口感更佳。需保存时，放入冰箱冷冻可保存2周。

制作方法

1. 将考维曲巧克力倒入英式蛋奶酱中，使之熔化。

2. 用滤网过滤后，放入冰水中，使之冷却至30℃左右。

3. 加入打发至六分的鲜奶油和朗姆酒，放入冰箱冷冻至八分。

4. 用料理机充分搅打，使空气进入。

5. 搅打至丝滑的状态后，迅速倒入容器中，放入冰箱冷藏使之凝固即可。

熔岩巧克力蛋糕

这是一款绝佳的甜点，用叉子轻轻拨弄，里面的巧克力酱就会缓缓流出，
香气四溢。推荐与冰淇淋一起食用。

材料
〔100ml 布丁杯，4个份〕

鸡蛋·······························2个
砂糖·······························60g
考维曲巧克力（可可含量58%）
··································85g
无盐黄油··························75g
低筋粉····························35g

准备事项

●在模具内涂上一层黄油，并撒上高筋粉
　（均为分量外）。
●将考维曲巧克力和无盐黄油熔化。
●滤筛低筋粉。
●烤箱预热至200℃。

·◆ 幸子的温馨提示 ◆·

装盘时，可根据您的喜好配上香草冰
淇淋或薄荷叶。制作完成后立即食
用，才能感受到甜点中包裹着的巧克
力酱的美妙滋味。

最佳食用时间及温度

现做现吃最佳。凉掉后可用电磁炉加
热后再食用。需保存时，放入冰箱冷
藏可保存5天，冷冻可保存2周。

制作方法

1. 鸡蛋打散，加砂糖搅拌。

2. 倒入事先熔化好的考维曲巧克力和无盐黄油，搅拌均匀。

3. 加入低筋粉搅拌。

4. 将步骤3的材料倒入模具中至七八分满。

5. 将烤箱温度从200℃调至180℃，烘烤8～10分钟。烘烤完成后，迅速将模具倒扣，使蛋糕落入盘中。最后撒上一层糖粉（分量外）即可。

香橙巧克力咕咕霍夫

这是一款口感软糯的烘焙点心，制作时使用了大量的杏仁粉。

加上橙子的芳香，让人忍不住想要再来一块。

材料

〔直径14cm 硅胶材质的咕咕霍夫模具，1个份〕

无盐黄油	100g
砂糖	100g
鸡蛋	2个
杏仁粉	30g
巧克力豆	25g
橙皮	25g
低筋粉	25g
高筋粉	35g
泡打粉	2g
曼达瑞恩拿破仑利口酒	适量

准备事项

- 使用金属材质的模具时，需在模具内涂上一层黄油，并撒上一层高筋粉（均为分量外）。
- 将无盐黄油恢复至常温。
- 杏仁粉滤筛备用。
- 将橙皮切成巧克力豆大小。
- 低筋粉、高筋粉、泡打粉混合后滤筛备用。
- 烤箱预热至180℃。

注：曼达瑞恩拿破仑利口酒原产于法国。可用白葡萄酒代替。

最佳食用时间及温度

次日至第5天。常温食用口感最佳。需保存时，放入冰箱冷藏可保存1周，冷冻可保存3周。

制作方法

1. 将无盐黄油搅打成奶油状后，加入砂糖搅拌至发白。

2. 缓缓加入蛋液，搅拌均匀。

3. 加入杏仁粉搅拌，再加入巧克力豆和橙皮，搅拌均匀。

4. 将事先滤筛好的低筋粉、高筋粉、泡打粉加入其中搅拌均匀，倒入模具中，放入烤箱180℃烘烤35～40分钟。

5. 烘烤完成后，在表面刷上一层曼达瑞恩拿破仑利口酒即可。

Cake au chocolat blanc

白巧克力蛋糕

这是一款口感松软、风味雅致的蛋糕。
白巧克力与金万利力娇酒的作用被完全发挥了出来。

材料
〔18cm 长方形模具，1个份〕

无盐黄油……………………… 45g
砂糖……………………………… 30g
蛋黄……………………………… 2个
考维曲白巧克力……………… 125g
鲜奶油…………………………… 40g
蛋清……………………………… 2个
砂糖……………………………… 35g
低筋粉…………………………… 50g
高筋粉…………………………… 50g
泡打粉……………………………… 1g
金万利力娇酒………………… 适量

准备事项

● 在模具内垫上尺寸合适的烘焙专用纸。
● 将无盐黄油恢复至常温。
● 将考维曲巧克力（白巧克力）隔水加
热，使之熔化。
● 低筋粉、高筋粉、泡打粉混合后滤筛备用。
● 烤箱预热至170℃。

注：金万利力娇酒是一种原产于法国的力娇酒。可
用陈年干邑代替。

幸子的温馨提示

将蛋糕斜切成片，配上巧克力冰淇淋
或者巧克力卷（详见封三），造型立
刻从朴素变成华丽。

最佳食用时间及温度

次日至第5天。常温下食用口感最
佳。需保存时，放入冰箱冷藏可保存
1周，冷冻可保存3周。

制作方法

1. 将无盐黄油搅打至奶油状，倒入30g砂糖，搅打至发白，再加入蛋黄搅拌。

2. 将事先熔化好的考维曲巧克力（白巧克力）加入其中搅拌，再加入鲜奶油搅拌均匀。

3. 将蛋液倒入另一个碗中，将35g砂糖分3~4次加入其中，充分搅打至出现小尖角，制作成蛋白霜。

4. 将步骤2的材料与步骤3的材料混合，快速搅打，注意不要破坏蛋白霜的发泡状态。加入事先滤筛好的粉类，适度搅拌。

5. 倒入模具中，放入烤箱170℃烘烤约50分钟。烘烤完成后，迅速用刷子在其表面刷上一层金万利力娇酒即可。

Double chocolat cookie

双层巧克力饼干

这是一款甘纳许巧克力饼干，
非常适合用来送给喜欢巧克力的人。

材料
〔5.5cm×6cm 心形压花模，约10个份〕

面团（莎布蕾）·················400g
鲜奶油·····················80ml
考维曲巧克力（可可含量55%）
·······························80g
考维曲巧克力或装饰用巧克力（黑巧克力）················适量

准备事项

● 请参考面团（莎布蕾）的制作方法（p.19）第1~4步，制作完成后醒一段时间。
● 请参考考维曲巧克力调温方法（封二）进行调温，将装饰用巧克力用隔水加热的方法进行熔化。
● 烤箱预热至170℃。

制作方法

1. 将已擀成3~5mm厚的面团用压花模压制成型，放入烤箱中170℃烘烤15~18分钟，使之冷却。

2. 将鲜奶油倒入锅中，煮至沸腾，倒80g至装有考维曲巧克力的碗中。

3. 将步骤2的材料放入冰水中，冷却至黏稠状。

4. 用勺子将步骤1的材料覆盖在烤好的饼干的其中一面，再覆上一片饼干。

5. 浸入已事先调温好的考维曲巧克力酱或装饰用巧克力酱，取出放置在烘焙专用纸上冷却，使之凝固即可。

最佳食用时间及温度

制作完成至第5天。常温食用口感最佳。需保存时，可分别装入袋子中，用保鲜膜包裹后，放入密闭容器内，放置在阴凉避光处（夏天需放入冰箱内）可保存10天。

法式莎布蕾巧克力饼干

这款饼干在制作时使用了杏仁，口感香脆。

材料
〔直径4～5cm，约30个份〕

无盐黄油······························	90g
砂糖·································	75g
鸡蛋······················	1/2个（28g）
牛奶·····························	25ml
低筋粉····························	140g
无糖可可粉··························	22g
杏仁······························	适量

准备事项

- 无盐黄油恢复至常温。
- 将鸡蛋与牛奶混合搅拌。
- 低筋粉与可可粉混合后滤筛备用。
- 杏仁放入烤箱内以130℃烘烤20分钟左右。
- 烤箱预热至170℃。

制作方法

1. 将无盐黄油搅打至奶油状，加入砂糖继续搅拌至发白。

2. 慢慢加入事先混合搅拌好的牛奶蛋液。

3. 加入事先滤筛好的低筋粉和可可粉，搅拌均匀。

4. 将步骤3的材料装入星形裱花嘴（约1cm）的裱花袋后，分别挤至烤盘上。

5. 在每个小面团的中央放1个杏仁，然后放入烤箱中170℃烘烤20～25分钟即可。

最佳食用时间及温度

制作完成至第5天。常温食用口感最佳。需保存时，可分别装入袋子中，用保鲜膜包裹后，放入密闭容器内，放置在阴凉避光处可保存10天。

栗子巧克力蛋糕

这是一款牛奶巧克力风味的蛋糕，口感奢华。

在制作时，使用了大量的带内皮栗子，用于表面的装饰还可增强品质感。

材料

〔直径4~5cm 玛芬模具，12个份〕

无盐黄油	75g
砂糖	65g
蛋黄	2个
考维曲巧克力（可可含量40%）	
	90g
低筋粉	40g
杏仁粉	30g
带内皮栗子	3个
蛋清	2个份
砂糖	12g

准备事项

● 使用非硅胶或纸质的金属模具时，需涂上一层黄油，并撒上高筋粉（分量外）。
● 将考维曲巧克力隔水加热，使之熔化。
● 将低筋粉与杏仁粉混合后滤筛备用。
● 无盐黄油恢复至常温。
● 烤箱预热至170℃。

◆ 幸子的温馨提示

将尚蒂伊奶油（p.25）倒入装有螺旋纹裱花嘴的裱花袋中，挤至已冷却的栗子蛋糕上，再放上栗子进行装饰，非常美观。

最佳食用时间及温度

制作完成至第3天。常温或稍冷藏后食用口感最佳。需保存时，先不放尚蒂伊奶油，用保鲜膜密封后，放入冰箱冷藏可保存1周，冷冻可保存3周。

制作方法

1. 将无盐黄油和65g砂糖混合搅拌，再放入蛋黄进行搅拌。

2. 加入事先熔化好的考维曲巧克力。

3. 倒入事先滤筛好的低筋粉和杏仁粉搅拌，再倒入切成5mm方块的带内皮栗子。

4. 将蛋清倒入另一个碗中，将12g砂糖分2次加入其中，搅打制作成蛋白霜。

5. 将步骤3的材料和蛋白霜混合后倒入模具中，放入烤箱170℃烘烤20~25分钟即可。

奶酪玛芬

这是一款软糯的玛芬，完美融合了奶酪的酸味与巧克力的甜味。
制作时，还可以在玛芬的表面绘制不同的图案。

材料

〔直径4～5cm玛芬模具，12个份〕

奶酪·······················80g
无盐黄油·················40g
砂糖·······················95g
鸡蛋·······················2个
杏仁粉···················20g
低筋粉···················55g
泡打粉·····················2g
考维曲巧克力（可可含量58%）
··························20g

准备事项

● 使用金属材质的模具时，需先涂上一层黄油，并撒上高筋粉（均为分量外）。硅胶或纸质的模具可直接使用。
● 杏仁粉、低筋粉、泡打粉混合滤筛备用。
● 将考维曲巧克力隔水加热，使之熔化。
● 奶酪和黄油恢复至常温。
● 烤箱预热至170℃。

最佳食用时间及温度

次日至第5天。常温食用口感最佳。
需保存时，用保鲜膜密封后放入冰箱
冷藏可保存5天，冷冻可保存2周。

制作方法

1. 奶酪和无盐黄油混合后，加入砂糖进行搅拌。

2. 慢慢加入搅打好的蛋液。

3. 将事先滤筛好的杏仁粉、低筋粉和泡打粉倒入搅拌。

4. 将粉类材料倒入另一个碗中30g，再倒入事先熔化好的考维曲巧克力进行搅拌。

5. 将剩余的粉类材料倒入模具中至八分满，然后再分别倒入少量的步骤4的材料，用竹扦等绘制出不同的图案。然后，放入烤箱中170℃烘烤20分钟即可。

巧克力舒芙蕾

这是一款极具诱惑力的热甜点，用勺子轻轻舀起的瞬间，
热气与香气蒸腾弥漫。一定要现做现吃哦！

材料
〔直径9cm铜锅1个份或杯状模具3个份〕

■卡仕达酱

牛奶	150ml
香草荚	1/5根
砂糖	40g
蛋黄	2个
低筋粉	5g
玉米粉	5g

■其他材料

考维曲巧克力（可可含量61%）	50g
蛋清	3个（100g）
砂糖	20g

准备事项

- 根据上述比例，按照卡仕达酱（p.21）的制作方法第1～7步进行制作。
- 在模具内涂上一层黄油、撒上砂糖（均为分量外）。
- 烤箱预热至180℃。

◀ 幸子的温馨提示 ▶
蛋糕从烤箱内取出后会立刻开始收缩，所以，烘烤完成后立刻食用最佳。

最佳食用时间及温度
现做现吃最佳。

制作方法

1. 将事先制作好的卡仕达酱倒入考维曲巧克力中，使之熔化。用保鲜膜严密地盖住，防止冷却。

2. 将蛋清倒入另一个碗中搅打，将砂糖分2～3次倒入其中，搅打至出现小尖角，完成蛋白霜的制作。

3. 将步骤1的材料搅拌开，倒入1/3的蛋白霜，充分搅拌。

4. 将剩余的蛋白霜分2次倒入其中，搅拌均匀。

5. 将步骤4的材料倒入模具中至八分满，放入烤箱中180℃烘烤15分钟，待其表面膨胀呈现焦糖色后，立刻撒上糖粉（分量外）即可。

松露栗子巧克力

这是一款口感丰富的松露巧克力，
栗子的风味直接而纯粹。

Truffes nature

松露巧克力（可可粉、糖粉）

口感丝滑，让您充分感受到巧克力最原本的风味。

■ 松露栗子巧克力

材料〔约15个份〕

栗子糊·················200g
朗姆酒·················2小勺

考维曲巧克力或装饰用巧克力
·····················适量
谷物片（可用玉米薄片代替）
·····················适量

准备事项

●根据调温方法（封二）对考维曲巧克力进行调温，或者用隔水加热的方法使装饰用巧克力熔化。

制作方法

1. 将朗姆酒加入栗子糊中，揉至柔滑的状态。

2. 分成15等份。

3. 搓圆后放置在已垫好烘焙专用纸的烤盘，放入冰箱冷藏。

4. 浸入事先调温好的考维曲巧克力（或者事先熔化好的装饰用巧克力）中。

5. 在步骤4的材料的表面包裹一层谷物片即可。

最佳食用时间及温度

制作完成至第5天。从冰箱内取出，待巧克力变得稍软后食用口感更佳。需保存时，放入冰箱冷藏可保存1周。

■ 松露巧克力（可可粉、糖粉）

材料〔可可粉、糖粉松露巧克力约25个份〕

鲜奶油·················85ml
考维曲巧克力（可可含量64%）
·····················130g
转化糖·················20g
无盐黄油···············55g

考维曲巧克力或装饰用巧克力
·····················适量
无糖可可粉··············适量
糖粉··················适量

准备事项

●将130g考维曲巧克力和转化糖混合后用隔水加热的方式熔化至五成。
●根据调温方法（封二）对考维曲巧克力进行调温，或者，用隔水加热的方法使装饰用巧克力熔化。

制作方法

1. 将鲜奶油煮至即将沸腾，倒入事先混合熔化好的130g考维曲巧克力和转化糖里，搅拌均匀。

2. 加入无盐黄油使之熔化，放入冰箱或冰水冷却至黏稠状。

3. 装入圆形裱花嘴（约1cm）的裱花袋中，挤成圆形至烘焙专用纸上

4. 浸入事先调温好的考维曲巧克力（或者事先熔化好的装饰用巧克力）中。

5. 在其表面撒上一层糖粉即可。

最佳食用时间及温度

制作完成至第5天。从冰箱内取出，待巧克力变得稍软后食用口感更佳。需保存时，放入冰箱冷藏可保存1周。

生巧克力

这款生巧克力入口即化，制作方法简单。
将甘纳许直接倒入模具中定型，然后切成方块形状。

材料
〔20cm方形甘纳许模具，1个份〕

鲜奶油···················· 120ml
蜂蜜······················· 20g
考维曲巧克力（可可含量55%）
························· 210g
考维曲白巧克力············· 50g
无糖可可粉················· 适量

准备事项
● 考维曲巧克力与考维曲白巧克力混合后，用隔水加热的方式熔化至五成。

·幸子的温馨提示·

巧克力非常软，所以在切之前，可放入冰箱内冷冻使之完全定型。

最佳食用时间及温度

制作完成至第5天。稍冷藏到常温的状态食用口感最佳。需保存时，放入冰箱冷藏可保存1周。

制作方法

1. 将蜂蜜加入鲜奶油中，加热至即将沸腾，倒入事先熔化好的考维曲巧克力和考维曲白巧克力中。

2. 待巧克力完全熔化后，倒入模具中冷却定型。

3. 刀用热水烫过后擦干水分。根据喜好切成您喜欢的大小。

4. 在巧克力表面涂上一层可可粉。

5. 用滤网滤去多余的可可粉即可。

Pavés au Sésame

白巧克力芝麻饼干

白巧克力与芝麻的搭配或许令人意外，
但实际上口味绝佳。

材料
〔15cm×15cm大小〕

鲜奶油·················· 50ml
考维曲白巧克力·············180g
白芝麻、黑芝麻·········· 各适量
金万利力娇酒················ 适量

准备事项

● 在烤盘上垫上一层玻璃纸或烘培专用
纸，大小为15cm×15cm。
● 将考维曲白巧克力用隔水加热的方式
熔化。

注：金万利力娇酒是一种原产于法国的力娇酒。
可用陈年干邑代替。

幸子的温馨提示

由于质地柔软，所以在切分之前要放
入冰箱内冷冻使之凝固定型。

制作方法

1. 将鲜奶油加热至即将沸腾，
倒入考维曲白巧克力中。

2. 在步骤1的材料中加入1大勺
金万利力娇酒搅拌均匀，倒
入模具中使之冷却。

3. 在黑芝麻中倒入适量的金
万利力娇酒进行煎炒，然
后倒入烤盘中冷却。

4. 刀用开水烫过沥干水分。
将步骤2的材料切成您喜欢
的大小。

5. 在切好的巧克力的表面裹
上一层炒好的黑芝麻。白
芝麻的做法与黑芝麻相同
即可。

最佳食用时间及温度

制作完成至第5天。稍冷藏到常温状态食用口感最佳。需保存
时，放入冰箱冷藏可保存1周。

Mendiant lait

巧克力坚果饼干

这款巧克力点心用了坚果和葡萄干等，
既赏心悦目又口感丰盈。

材料

〔约20个份〕

榛子………………………	30g
杏仁………………………	30g
砂糖………………………	30g
无盐黄油…………………	少量
考维曲巧克力（可可含量38%）	
………………………	150g
葡萄干……………………	适量
杏干………………………	适量
开心果……………………	适量

准备事项

● 将榛子和杏仁放入烤箱130℃烘烤约20分钟。
● 将杏干切成4等份。
● 根据调温方法（封二）对考维曲巧克力进行调温，使之熔化。

制作方法

1. 将15g砂糖慢慢熔化，待全部熔化后倒入榛子。

2. 将砂糖翻炒至焦糖色后，倒入无盐黄油搅拌均匀。

3. 放置在烘焙专用纸上进行冷却。杏仁的制作方法同上。

4. 将调温好的考维曲巧克力装入圆形裱花嘴（约4mm）的裱花袋中，逐个挤出小圆形。

5. 每个上面分别放上冷却好的榛子（或杏仁）、葡萄干、杏干和开心果，然后放入冰箱冷藏即可。

最佳食用时间及温度

制作完成至第3天。稍冷藏到常温状态食用口感最佳。需保存时，放入冰箱冷藏可保存5天。

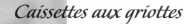
樱桃巧克力蛋糕

这款巧克力点心小而精致，
酸樱桃利口酒的芳香扑鼻。

材料

〔直径约3cm的巧克力点心杯托，约
15个份〕

鲜奶油	40ml
香草	少量
考维曲巧克力（可可含量58%）	
	100g
转化糖	1g
无盐黄油	7g
酸樱桃利口酒	1大勺
酸樱桃	适量
金粉	适量

准备事项

● 将考维曲巧克力和转化糖混合后，用隔
水加热的方法熔化至五成。
● 酸樱桃沥干水分后切成4等份。

制作方法

1. 将鲜奶油和香草倒入锅
中，加热至即将沸腾，然
后倒入考维曲巧克力和转
化糖中。

2. 待步骤1的材料完全熔化
后，加入无盐黄油搅拌，
再倒入利口酒搅拌均匀。

3. 将步骤2的材料放入冰水中
冷却至黏稠状。

4. 将步骤3的材料装入星形裱
花嘴（约8mm）的裱花袋
中，盘旋状挤至杯托内。

5. 在做好的蛋糕的表面放上
酸樱桃和金粉进行装饰，
冷却至凝固即可。

最佳食用时间及温度

制作完成至第7天。稍冷藏到常温状态下食用口感最佳。需保存
时，放入冰箱冷藏可保存10天。

Gâteau au chocolat nancy

南锡巧克力蛋糕

这是一款经典的巧克力点心，
使用了大量原产自法国洛林地区的坚果。

材料
〔直径6×7cm 花形模具，约5个份〕

无盐黄油··························	75g
砂糖······························	40g
鸡蛋······························	1/2个
蛋黄······························	½个
考维曲巧克力（可可含量61%）	
	75g
蛋清······························	1个份
砂糖······························	6g
杏仁粉····························	40g
低筋粉····························	20g

准备事项

- 无盐黄油恢复至常温。
- 模具为金属材质的情况下，需先涂上一层黄油和高筋粉（均为分量外）。
- 鸡蛋和蛋黄混合搅拌。
- 将考维曲巧克力用隔水加热的方式进行熔化。
- 低筋粉和杏仁粉混合后滤筛备用。
- 烤箱预热至170℃。

制作方法

1. 将无盐黄油搅打成奶油状，加入40g砂糖，搅打至发白。

2. 慢慢加入蛋液进行搅拌。

3. 将事先熔化好的考维曲巧克力倒入后进行搅拌。

4. 将蛋清和6g砂糖倒入另一个碗中，搅拌至出现小尖角，制成蛋白霜，倒入化好的巧克力中。

5. 加入滤筛好的杏仁粉和低筋粉，倒入模具中，放入烤箱170℃烘烤30~40分钟即可。

最佳食用时间及温度

次日至第5天。常温到稍加热后食用口感最佳，冷藏后食用也别有一番风味。需保存时，放入冰箱冷藏可保存1周，冷冻可保存3周。

软巧克力蛋糕

这款巧克力蛋糕口感松软，
朗姆酒渍葡萄干起到了画龙点睛的作用。

材料

〔直径15cm的圆形模具，1个份〕

砂糖	30g
无糖可可粉	10g
蛋黄	2个
考维曲巧克力（可可含量70%）	
	20g
无盐黄油	20g
杏仁粉	20g
朗姆酒渍葡萄干	25g
蛋清	1个
砂糖	10g

准备事项

- 用打蛋器将30g砂糖与可可粉搅拌均匀。
- 将考维曲巧克力和无盐黄油一起用隔水加热的方式熔化。
- 杏仁粉滤筛备用。
- 葡萄干切碎。
- 在模具的底部垫上一层烘焙专用纸，内侧涂上一层黄油（分量外）。
- 烤箱预热至180℃。

幸子的温馨提示

直接食用非常美味。若搭配"英式蛋奶酱"（p.20）口感更佳。用巧克力卷（封三）、金粉装饰造型更佳美观。

最佳食用时间及温度

次日至第5天。常温食用口感最佳。需保存时，放入冰箱冷藏可保存1周，冷冻可保存3周。

制作方法

1. 将混合好的30g砂糖和可可粉倒入蛋黄中搅拌均匀。

2. 加入事先熔化好的考维曲巧克力和无盐黄油进行搅拌。

3. 加入杏仁粉、葡萄干搅拌均匀。

4. 在另一个碗中倒入蛋清进行搅拌，将10g砂糖粉2～3次倒入其中，制作出蛋白霜。

5. 将步骤3的材料和步骤4的材料进行混合，倒入模具中，放入烤箱180℃烘烤约20分钟。将模具倒置，使蛋糕脱模后进行冷却即可。

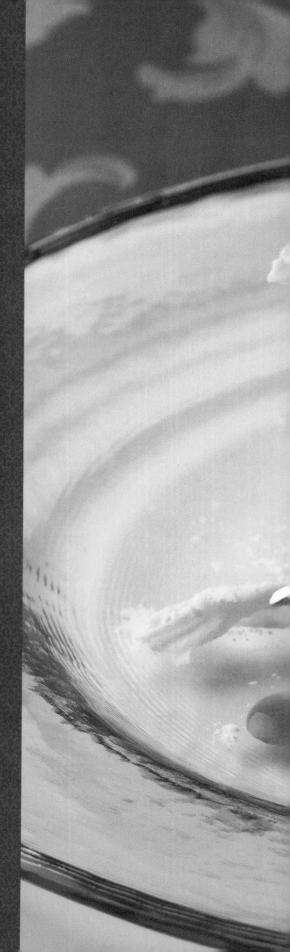

第四章

七步轻松完成的
巧克力点心

巧克力点心制作的乐趣或许就在于通过自己的
双手将诱人的巧克力甜点呈现出来。在前一阶
段尝试的基础之上，我们可以略微增加难度。
因此，在本章将给大家介绍一些制作工序相对
复杂的巧克力甜点。大家不妨来挑战一下。

巧克力布丁

松软浓郁的口感让人欲罢不能。若再淋上巧克力酱，
立刻化身为极品甜点。

材料

〔100ml布丁模具，约5个份〕

无盐黄油……………………	35g
砂糖…………………………	18g
蛋黄…………………………	2个份
考维曲巧克力（可可含量55%）	
……………………………	25g
杏仁粉………………………	35g
蛋清…………………………	2个份
砂糖…………………………	18g
低筋粉………………………	8g

准备事项

- ●在模具内涂上一层黄油，撒上砂糖（均为分量外）。
- ●将考维曲巧克力用隔水加热的方式使之熔化。
- ●杏仁粉滤筛备用。
- ●低筋粉滤筛备用。
- ●无盐黄油恢复至常温。
- ●烤箱预热至180℃。

幸子的温馨提示

在上面淋上卡仕达酱（p.25），再淋上巧克力酱（p.17）效果更佳。

最佳食用时间及温度

制作完成至第3天。常温到稍加热后食用口感最佳。需保存时，用保鲜膜密封后放入冰箱冷藏可保存3天，冷冻可保存2周。

制作方法

1. 将无盐黄油和18g砂糖混合后搅拌，再逐个加入蛋黄进行搅拌。

2. 将事先熔化好的考维曲巧克力倒入步骤1的材料中，搅拌均匀。

3. 将滤筛好的杏仁粉倒入步骤2的材料中搅拌均匀。

4. 将蛋清倒入另一个碗中进行搅拌，分2~3次将18g砂糖倒入其中，搅打至出现尖角，完成蛋白霜的制作。

5. 将1/3的蛋白霜倒入步骤3的材料中充分搅拌，再将剩余的蛋白霜分2次加入其中，轻轻搅拌，不破坏蛋白霜的发泡状态。

6. 将滤筛好的低筋粉倒入步骤5的材料中，轻轻搅拌，不破坏蛋白霜的状态。

7. 将步骤6的材料倒入模具杯中至七分满，模具杯放置在烤盘上，然后往烤盘内倒入适量的开水，放入烤箱内180℃烘烤25分钟即可。

巧克力抹茶玛芬

这款玛芬颜色亮丽，抹茶与巧克力各自的微苦口感配合相得益彰。

材料

〔直径4~5cm 玛芬模具，12个份〕

■巧克力面团

无盐黄油	50g
转化糖	5g
考维曲巧克力（可可含量55%）	42g
糖粉	15g
蛋黄	1个
蛋清	1个
砂糖	20g
杏仁粉	18g
低筋粉	22g
无糖可可粉	4g

■抹茶面团

无盐黄油	48g
转化糖	2g
糖粉	25g
杏仁粉	15g
低筋粉	25g
抹茶	5g
蛋黄	1个
蛋清	1个
砂糖	15g

准备事项

● 模具为金属材质时，需涂上一层无盐黄油和高筋粉（均为分量外）。硅胶材质或纸质的模具可直接使用。
● 将巧克力面团制作所需的考维曲巧克力、无盐黄油、转化糖混合后用隔水加热的方式熔化。
● 将巧克力面团制作所需的杏仁粉、低筋粉和可可粉混合后滤筛备用。
● 将抹茶面团制作所需的无盐黄油、转化糖混合后用隔水加热的方式使之熔化。
● 将抹茶面团制作所需的糖粉、杏仁粉、低筋粉和抹茶混合后滤筛备用。
● 烤箱预热至170℃。

制作方法

1. <巧克力面团>在事先熔化好的无盐黄油、转化糖、考维曲巧克力中加入15g糖粉进行搅拌，再加入蛋黄搅拌均匀。

5. 将蛋黄加入步骤4的材料中搅拌均匀。

2. 将蛋清和20g砂糖倒入另一个碗中，制作成蛋白霜，与步骤1的材料混合搅拌。

6. 将蛋清和15g砂糖倒入另一个碗中，搅拌制作成蛋白霜，与步骤5的材料混合搅拌均匀。

3. 将滤筛好的杏仁粉、低筋粉和可可粉倒入步骤2的材料中，充分搅拌后倒入模具中至五分满。

7. 将步骤6的材料倒入步骤3的材料上，放入烤箱170℃烘烤20分钟左右即可。

4. <抹茶面团>将事先熔化好的无盐黄油与转化糖混合，倒入滤筛好的糖粉、杏仁粉、低筋粉和抹茶粉，充分搅拌。

最佳食用时间及温度

次日至第3天。常温食用口感最佳。需保存时，用保鲜膜密封后放入冰箱冷藏可保存1周，冷冻可保存3周。

巧克力马卡龙

这款巧克力点心形似马卡龙。甘纳许可用果酱来代替。

材料

〔3cm圆形，13~15个份〕

鸡蛋······················ 1个
砂糖······················ 50g
低筋粉····················· 45g
无糖可可粉················· 5g
考维曲巧克力（可可含量58%）
························· 100g
鲜奶油···················· 40ml

准备事项

●低筋粉和可可粉混合后滤筛备用。
●将考维曲巧克力用隔水加热的方法使之熔化。
●烤箱预热至170℃。

最佳食用时间及温度

放入密闭容器内，或用保鲜膜密封后，放入冰箱冷藏半天至一天。取出后，常温放置10分钟左右，待巧克力变软后食用口感最佳。需保存时，放入冰箱冷藏可保存1周，冷冻可保存3周。

制作方法

1. 将砂糖倒入鸡蛋中，搅打至显现光泽，呈带状下落。

5. 将已熔化好的考维曲巧克力倒入另一个碗中，倒入已煮至即将沸腾的鲜奶油。

2. 将滤筛好的低筋粉和可可粉倒入打好的鸡蛋中，轻轻搅拌，不破坏其发泡状态。

6. 将步骤5的材料冷却至黏稠状。

3. 将步骤2的材料装入圆形裱花嘴（约1cm）的裱花袋中，在已铺好烘焙垫的烤盘内挤出3cm大小的圆形。

7. 将步骤6的材料装入星形裱花嘴（约1cm）的裱花袋中，挤至烘焙完成后的步骤4的其中一面，然后再覆盖上一块步骤4即可。

4. 撒上砂糖（分量外），常温下放置至面团不粘手的状态后，放入烤箱内170烘烤13~15分钟。

Tarte chocolat

巧克力挞

从面团、酱料到用来丰富口感的薄脆饼，
共同成就了这款独具巧克力风味的蛋糕挞。

材料

〔直径18cm圆形，1个份〕

■莎布蕾饼干坯

低筋粉	85g
无糖可可粉	9g
糖粉	35g
杏仁粉	10g
盐	一小撮
无盐黄油	50g
鸡蛋	1/3个（15g）

■其他材料

鲜奶油	90ml
考维曲巧克力酱（可可含量40%）	75g
薄脆可可芝麻饼	适量
鲜奶油	65ml
考维曲巧克力（可可含量58%）	50g

准备事项

● 根据上述的配方，按照莎布蕾饼干坯
（p.19）的制作方法第1～4步制作面团。
● 制作薄脆可可芝麻饼（p.34）。
● 将考维曲巧克力用隔水加热的方式进行
熔化。
● 烤箱预热至180℃。

◆ **幸子的温馨提示** ◆

剩余的薄脆可可芝麻饼可用于装饰，
再撒上些糖粉和金粉，档次立刻得到
提升。

最佳食用时间及温度

放入密闭容器内，或用保鲜膜密封
后，放入冰箱冷藏半天至一天后食用
口感最佳。需保存时，放入冰箱冷藏
可保存3天，冷冻可保存2周。

制作方法

1. 将准备好的莎布蕾面团铺开，
嵌入挞环模具中，去除多余的
部分。

2. 用叉子在铺好的面团上扎一些
透气孔，放入冰箱冷藏，直至
整个面团完全冰凉。放入烤箱
180℃烘烤20分钟左右。

3. 在另一个碗中倒入90ml鲜奶油
搅拌，倒入熔化好的考维曲巧
克力（酱）混合搅拌。

4. 挞坯烘烤完成后，在上面放上
一些薄脆可可芝麻饼。

5. 将步骤3的材料倒至步骤4的材
料上，铺平后使之冷却。

6. 将65ml鲜奶油煮至沸腾，倒入
考维曲巧克力中，冷却至30℃
左右。

7. 将步骤6的材料淋在做好的挞
的表面后冷却即可。

白巧克力慕斯

这款慕斯奶香浓郁，后味有覆盆子淡淡的酸味。

材料
〔直径15cm的模具，1个份〕

糖浆	25ml
蛋黄	2个
牛奶	35ml
鲜奶油	35ml
板状明胶	3g
考维曲白巧克力	85g
鲜奶油	140ml
海绵蛋糕坯	适量
糖浆	15ml
金万利力娇酒	3ml
核桃仁	20g
覆盆子	3粒

准备事项

● 制作海绵蛋糕坯（p.18），用15cm的模具将面团定型；将15ml糖浆与3ml金万利力娇酒混合搅拌后，用刷子涂在面团表面。
● 核桃仁放入烤箱中130℃烘烤约20分钟。
● 将明胶泡发。

幸子的温馨提示

慕斯上可以用白巧克力屑（封三）进行装饰，再撒上一些糖粉，淋上覆盆子酱后更显档次。

最佳食用时间及温度

制作完成至第3天。稍冷藏后食用口感更佳。需保存时，放入冰箱冷藏可保存3天，冷冻可保存2周。

制作方法

1. 将25ml糖浆（p.17）倒入蛋黄中搅拌。

5. 将140ml鲜奶油打发至七成，与步骤4的材料混合。

2. 将步骤1的材料隔水加热，搅拌至黏稠状。

6. 将准备好的海绵蛋糕面团倒入模具中，在上面倒上少许步骤5的材料，放上切碎的核桃仁和覆盆子。

3. 将牛奶和35ml鲜奶油倒入锅中加热，放入泡发后的明胶，倒入装在碗中的考维曲白巧克力，使之熔化。

7. 将剩余的步骤5的材料倒入，使之冷却凝固即可。

4. 将步骤2的材料和步骤3的材料混合。

覆盆子巧克力慕斯

这款慕斯宛如覆盆子与巧克力的绝妙协奏曲。
若将它送给心爱的人，他一定会满心欢喜。

材料
〔7cm×6.5cm心形模具，3个份（中间的巧克力使用的是圆形模具）〕

鲜奶油…………………………40ml
考维曲巧克力（可可含量58%）
………………………………… 40g
鲜奶油………………………… 32ml
覆盆子酱……………………… 80g
砂糖…………………………… 20g
板状明胶……………………… 3g
鲜奶油………………………… 80ml
海绵蛋糕坯…………………… 适量
糖浆…………………………… 10ml
覆盆子酱……………………… 5g

准备事项
● 制作海绵蛋糕坯（p.18），用模具定型。
● 在10ml糖浆（p.17）中倒入5g覆盆子酱混合。
● 明胶泡发备用。

◆ 幸子的温馨提示 ◆
冷冻后进行脱模，然后放入冷藏进行解冻。盛入盘中，根据喜好可用覆盆子进行装饰，使外形更佳美观。

最佳食用时间及温度
稍冷藏后食用口感更佳。需保存时，放入冰箱冷藏可保存3天，冷冻可保存2周。

制作方法

1. 将沸腾的40ml鲜奶油倒入考维曲巧克力中，冷却至30℃左右。

5. 将2/3的打好的奶油倒入心形模具中，用勺子的背面填满模具内侧。

2. 在另一个碗中倒入32ml鲜奶油进行搅拌，将步骤1的材料倒入其中搅拌均匀，倒入圆形模具中，放入冰箱冷冻。

6. 将冷冻后的步骤2的材料放入填好的模具中，倒入剩余的奶油。

3. 将80g覆盆子酱和砂糖用隔水加热的方式进行加热，放入泡发后的明胶，使之冷却。

7. 将准备好的覆盆子糖浆涂在海绵蛋糕上，然后放置在做好的慕斯上，放入冰箱冷冻即可。

4. 另取一个碗将80ml的鲜奶油打发至七成，加入步骤3的材料搅拌。

草莓慕斯

这款草莓慕斯入口即化，让人瞬间感觉无比幸福。

材料

〔勾玉模具，4个份〕

杏仁酱	20g
考维曲巧克力（可可含量38%）	10g
海绵蛋糕坯	适量
糖浆	15ml
草莓酱	5g
草莓酱	90g
砂糖	20g
板状明胶	4g
鲜奶油	120ml
糖浆	适量
草莓酱	适量

准备事项

● 制作海绵蛋糕坯（p.18），用模具定型。
● 将15ml糖浆（p.17）与5g草莓酱混合。
● 明胶泡发备用。
● 将适量的草莓酱倒入适量的糖浆内，调制出您喜欢的颜色。
● 将考维曲巧克力用隔水加热的方式熔化。

最佳食用时间及温度

制作完成至第3天。稍冷藏后食用口感更佳。需保存时，放入冰箱冷藏可保存3天，冷冻可保存2周。

制作方法

1. 将杏仁酱与熔化好的考维曲巧克力混合搅拌，装入圆形裱花口的裱花袋中。

2. 在事先准备好的海绵蛋糕上涂上5g草莓酱，再在其中一面挤上步骤1的材料，使之冷却。

3. 将45g草莓酱与砂糖一起隔水加热，然后放入明胶熔化。

4. 将剩余的草莓酱倒入步骤3的材料中，冷却至30℃左右。

5. 将鲜奶油倒入另一个碗中，充分打发后，分2～3次将步骤4的材料倒入其中。

6. 将步骤2的材料放入模具中定型，倒入打好的鲜奶油至表面与模具齐平，使之冷却凝固。

7. 将事先调制好的糖浆与草莓酱淋在步骤6的材料的表面。用喷火枪给模具加热完成脱模即可。

巧克力戚风蛋糕

这款蛋糕口感松软，巧克力风味浓郁。
微苦的口感更适合成人的口味。

材料

〔直径17cm戚风模具，1个份〕

材料	用量
蛋黄	3个
砂糖	40g
考维曲巧克力（可可含量70%）	30g
色拉油	45ml
水	70ml
白兰地	1大勺
低筋粉	40g
无糖可可粉	40g
蛋清	160g
砂糖	35g

准备事项

● 将考维曲巧克力与色拉油混合后用隔水加热的方式使之熔化。
● 将低筋粉和可可粉混合后滤筛备用。
● 烤箱预热至170℃。

幸子的温馨提示

脱模时，用面包刀沿蛋糕与模具之间的空隙划一圈，底部也用刀划拨一下使模具与蛋糕分离。

根据您的喜好淋上尚蒂伊奶油（p.25）、巧克力酱（p.17），再用薄荷叶和可可粉进行装饰后，造型更佳美观。

最佳食用时间及温度

次日至第3天。常温食用口感最佳。需保存时，放入冰箱冷藏可保存1周，冷冻可保存3周。

制作方法

1. 在蛋黄中加入40g砂糖充分搅拌。

2. 将事先熔化好的考维曲巧克力和色拉油倒入打好的蛋黄中。

3. 在步骤2的材料中倒入水和白兰地，搅拌均匀。

4. 将滤筛好的低筋粉和可可粉倒入步骤3的材料中，搅拌均匀。

5. 将蛋清倒入另一个碗中搅打，分2～3次将35g砂糖倒入其中搅拌，直至出现小尖角，完成蛋白霜的制作。

6. 将1/3打好的蛋白霜倒入步骤3的材料中充分搅拌后，将剩余的蛋白霜分2次加入其中，轻轻搅拌，尽量不破坏蛋白霜的发泡状态。

7. 将步骤6的材料倒入模具中，放入烤箱170℃烘烤50分钟左右。烘烤完成后，将模具倒置，使之完全冷却。放置一晚食用最佳即可。

Forêt-Noire

黑森林蛋糕卷

"黑森林"源于法语，这里我们尝试制作的是
口感绵软的黑森林蛋糕卷。

材料
〔约35cm的长卷，1个份〕

考维曲巧克力（可可含量38%）
…………………………………… 85g
牛奶…………………………… 40ml
鲜奶油……………………… 130ml
基本面团（海绵蛋糕）……… 1片
糖浆…………………………… 40ml
利口酒………………………… 1小勺
酸樱桃………………………… 约30粒
鲜奶油……………………… 100ml
砂糖…………………………… 8g

准备事项

● 将考维曲巧克力用隔水加热的方式进行熔化。
● 制作海绵蛋糕坯（p.18）。
● 将糖浆（p.17）和利口酒混合。
● 将砂糖加入100ml鲜奶油中打至八分发，制作出的尚蒂伊奶油。
● 酸樱桃分别切成两半，用吸纸吸干水分。

制作方法

1. 将沸腾的牛奶倒入化好的考维曲巧克力中，冷却至30℃左右。

5. 将切成两半的酸樱桃排列放置好后卷成蛋糕卷。

2. 将130ml鲜奶油倒入另一个碗中打发至九成，倒入步骤1的材料中搅拌。

6. 用烘焙专用纸将蛋糕卷包裹好，放入冰箱冷藏直至蛋糕和奶油酱充分融合。

3. 用面包刀在烘烤完成的海绵蛋糕的卷口处轻轻划2～3道切口，涂上一层利口酒糖浆。

7. 将尚蒂伊奶油装入条状裱花口的裱花袋中，挤在步骤6的材料的表面。

4. 用面包刀将打好的鲜奶油均匀地涂在步骤3的材料的表面，卷口处涂得略厚些。

> ◆ 幸子的温馨提示
>
> 将蛋糕卷切成想要的大小，然后用酸樱桃、切碎的开心果、巧克力屑（后勒口）进行装饰，更显奢华。

> **最佳食用时间及温度**
>
> 制作完成至第3天。稍冷藏后食用口感更佳。需保存时，放入冰箱冷藏可保存3天，冷冻可保存2周。

香橙巧克力可丽饼

这款可丽饼香橙风味浓郁，与巧克力搭配口味绝佳。

材料
〔直径约25cm，3个份〕

牛奶·························· 100ml
无盐黄油····················· 20g
鸡蛋·············· 约2/3个（30g）
砂糖···························· 5g
盐····························一小撮
低筋粉························· 40g
橙皮·························· 1/5个
金万利力娇酒················ 2小勺
朗姆酒······················ 2小勺
考维曲巧克力（可可含量58%）
······························ 60g
鲜奶油······················ 40ml
橙皮（装饰用）·············· 适量

准备事项
- 低筋粉滤筛备用。
- 装饰用的橙皮（适量）需用刀将果肉部分去除，煮至变软后，放入适量的糖浆（p.17）腌渍。

幸子的温馨提示

根据您的喜好，英式蛋奶酱也可用卡仕达酱（p.25）代替。

最佳食用时间及温度

现做现吃最佳。可丽饼皮或面团放入冰箱冷藏可保存2天。

制作方法

1. 将牛奶和无盐黄油倒入锅中，加热至黄油熔化。

2. 将鸡蛋和砂糖、盐倒入碗中，搅拌均匀。

3. 将步骤1的材料的一半倒入步骤2的材料中搅拌均匀，再将滤筛好的低筋粉倒入其中进行搅拌。

4. 将剩余的步骤1的材料、橙皮、金万利力娇酒和朗姆酒倒入步骤3的材料中搅拌均匀，放入冰箱冷藏1小时以上。

5. 在不粘锅的锅底涂上少量无盐黄油（分量外），将步骤4的材料倒入其中，大火加热至两面出现微微的焦糖色。

6. 将沸腾的鲜奶油倒入考维曲巧克力中使之熔化。

7. 用勺子将步骤6的材料盛至步骤5的材料的1/3处并铺开，卷成您喜欢的形状。用腌渍过的橙皮卷住，再淋上少许英式蛋奶酱（p.20），撒上少许可可粉即可。

93

巧克力点心的包装技巧

在包装上动些脑筋，能让礼物瞬间大变身。

赠予爱人、朋友等也更显诚意。

香橙巧克力咕咕霍夫
（p.50）

用厚纸折成方形的底座，垫上点心专用纸，放入咕咕霍夫，用透明塑料袋密封包装，最后用带蝴蝶结的丝带扎好。

杏仁巧克力圆饼
（p.42）

将点心装入透明塑料袋中，用丝带将封口扎紧，再用水壶形状夹子进行装饰。

巧克力抹茶玛芬
（p.76）

用透明的盒子进行包装，在盒子底部垫上蕾丝纸，放好点心，最后用带蝴蝶结的丝带扎好。

松露巧克力
（p.62）

在陶器内侧垫上玻璃纸，将松露巧克力放置排列好后，放入透明塑料袋中，用丝线将封口扎紧。

心形巧克力曲奇
（p.28）
心形巧克力甜饼
（p.29）

在礼物专用盒子中先放入一半的工艺花（人造花），再将用透明塑料袋密封好的点心放入其中。盖子用带蝴蝶结的丝带进行装饰。

贝壳蛋糕
（p.38）

费南雪蛋糕
（p.39）

在礼物专用盒中垫上垫纸，用玻璃纸或透明塑料袋将点心进行密封后放入礼物盒中。盖子用带蝴蝶结的丝带进行装饰。

为了保证点心的口感，应选择耐水性、耐湿性好的玻璃纸，
或透明塑料袋及点心专用纸。
您可以根据自己的喜好选择好看的礼物盒和丝带，
做出独具特色的包装。

奶酪玛芬
（p.58）

（上右图）用带有透明窗的袋子进行包装，先在底
部垫上垫纸，再将点心放入其中后，将口部密封。
（上左图）在透明塑料袋底部垫上长纸条，封好口
后用丝带进行装饰。

布朗尼
（p.26）

用点心专用纸将布朗尼一个
个分别进行包装后装入透明
塑料袋中，再用丝带扎好。

白巧克力蛋糕
（p.52）

如图所示，用点心专用纸将点心包
好后，再用带图案的包装纸和丝带
进行装饰。

苹果布朗尼（p.40）

像包装糖果一样用点
心专用纸将布朗尼包
好，然后放入篮子
中，再用工艺花（人
造花）装饰点缀。

生巧克力（p.64）
松露巧克力（p.62）
白巧克力芝麻饼干（p.66）

根据点心的形状，在礼盒中先放好垫纸，分别装入点心
后，盖上盖子。盖子可用丝带进行点缀装饰。

图书在版编目（CIP）数据

跟木村幸子一起做巧克力 / （日）木村幸子著；王
昕昕译 . –– 青岛：青岛出版社，2018.4
ISBN 978-7-5552-6822-2

Ⅰ . ①跟… Ⅱ . ①木… ②王… Ⅲ . ①甜食—制作
Ⅳ . ① TS972.134

中国版本图书馆 CIP 数据核字 (2018) 第 049771 号

跟木村幸子一起做巧克力

〔日〕木村幸子 著　　王昕昕 译

策划制作 北京书锦缘咨询有限公司（www.booklink.com.cn）
总 策 划 陈 庆
策　 划 肖文静
设计制作 柯秀翠

出版发行 青岛出版社
社　 址 青岛市海尔路182号（266061）
本社网址 http://www.qdpub.com
邮购电话 13335059110　0532-85814750（传真）　0532-68068026
责任编辑 肖 雷
印　 刷 青岛新华印刷有限公司
出版日期 2018年7月第1版　2018年7月第1次印刷
开　 本 16开（889毫米×1194毫米）
印　 张 6
字　 数 72千
图　 数 441幅
印　 数 1–7000
书　 号 ISBN 978-7-5552-6822-2
定　 价 38.00元

编校质量、盗版监督服务电话　4006532017

（青岛版图书售出后如发现印装质量问题，请寄回青岛出版社出版印务部调换。
电话：0532-68068638）